Übungen zur Mathematik

Maße und Gewichte

Ein unterhaltsames Übungsbuch um ein Crack im Rechnen mit Maßen und Gewichten zu werden.

FAVORIT-VERLAG • RASTATT

Inhaltsverzeichnis

Vorwort

FÜR DIE ELTERN

Wenn man an den Mathematikunterricht zurück denkt, so hat jeder seine eigenen Erfahrungen gemacht. Einige haben einen Riesenspaß daran, Winkel zu berechnen oder die Höhe eines Dreiecks zu konstruieren, andere bekommen eine Gänsehaut, wenn sie nur daran denken. Was für den einen eine große Herausforderung bedeutet, finden andere trocken und langweilig. Aber auch wenn manchen der mathematische Unterrichtsstoff manchmal abstrakt erscheint, gibt es doch unzählige konkrete und anschauliche Anwendungen. Es gibt die einfachsten Beispiele aus dem täglichen Leben, wie das Thermometer oder die Waage, die Gewichte oder den Computer. Auch das Rechnen mit Geld ist Mathematik und somit ein Teil des Unterrichts. Darum ist es wichtig, dass Ihr Kind diese Aufgaben versteht und die Aufgabenstellungen beherrscht.

Diese Serie hat sich auf Kinder zwischen 10 bis 12 Jahren spezialisiert. Jeder Band widmet sich einer besonderen Themenstellung und beinhaltet zahlreiche Aufgabenstellungen, durch die Ihre Kinder sich schnell verbessern können. Außerdem ermöglicht der lustige aber auch einprägsame Charakter der Aufgaben, dass das Lernen zu Hause Spaß macht. Die Ergebnisse der Aufgaben finden Sie am Ende des Buches.

Drei Kilo Äpfel, zwei Liter Wasser oder zehn Kilometer zu Fuß: Das sind Beispiele, wie wir sie jeden Tag verwenden. Es ist darum wichtig, sie zu beherrschen. Die Aufgaben in diesem Buch beziehen sich auf verschiedene Maßeinheiten: die Längenmaße, die Gewichte, das Volumen und die Oberfläche. Sie helfen Ihrem Kind, die verschiedenen Maßeinheiten kennen und vergleichen zu lernen und in kleinere oder größere Werte umzuwandeln. Andere Aufgaben betreffen Themenstellungen wie das Rechnen mit der Zeit, das Kennen lernen der römischen Zahlen, das Ablesen der Temperatur und das Rechnen mit Euro und Cent.

Was Ihr Kind braucht:

Für einige Aufgaben braucht Ihr Kind einen Taschenrechner. Ermutigen Sie Ihr Kind aber immer wieder, einfache Rechnungen im Kopf zu rechnen.

Übung 1

In den unten stehenden Kästchen befinden sich verschiedene Längenmaße. Male sie rot an. Male außerdem die verschiedenen Maßeinheiten für Volumen grün und die Maßeinheiten für Gewichte blau. Verbinde danach jede Abkürzung mit ihrem vollständigen Namen.

m

Kilogramm

g

km

Gramm

Milliliter

cm

Kilometer

Zentiliter

hl

ml

Liter

Millimeter

l

Hektoliter

cl

kg

Dezimeter

Milligramm

mg

dl

Meter

Deziliter

dm

mm

Zentimeter

Übung 2

Vergleiche die Maßeinheiten

Finde die Antworten, indem du dir durch die Tabelle helfen lässt. Auf die punktierte Linie sollst du die richtige Maßeinheit schreiben.

Länge				km	100 m	10 m	m	dm	cm	mm
Rauminhalt				m^3	hl	10 l	l	dl	cl	ml
Gewicht	Tonne	100 kg	10 kg	kg	100 g	10 g	g	100 mg	10 mg	mg

10 mal kleiner als 1 m = ...

1 cl ist 100 mal .... als 1 l.

1000 kg = ...

1 000 000 mal größer als 1 mm = ...

1 l = ... ml

1 mg ist 1000 mal .... als 1 g

1 km = ... m

1 dl ist 10 mal .... als ein cl

1/1000 kg = ... g

100 ml = ... l

Schau dir die unten stehende Tabelle genau an und folge den Anweisungen.

Umkreise die Zahlen, die die Einheit mm darstellen. **O**

Male einen Stern an die Seite der Zahlen, die die Einheit cm darstellen. *****

Male ein Kreuz durch die Zahlen, die die Einheit dm darstellen. **X**

Unterstreiche die Zahlen, die die Einheit 1 m darstellen. **-**

8	7	m		
9,	4	5	dm	
0,	6	4	5	m
2	8,	4	cm	
1,	7	cm		
9	3	4	cm	
2	7,	6	m	
1,	7	8	9	km
1	2,	8	m	
3	6	8,	3	dm

1. Und nun spielen wir. Schreibe hierzu die Werte der Steine auf die punktierten Linien.

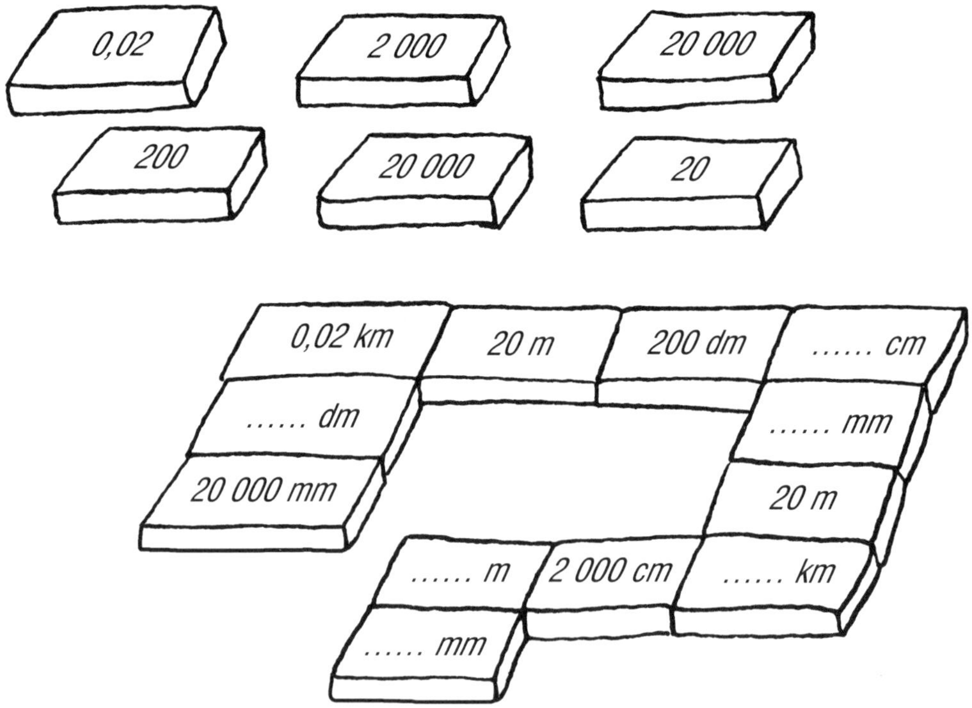

2. Mache es noch einmal.

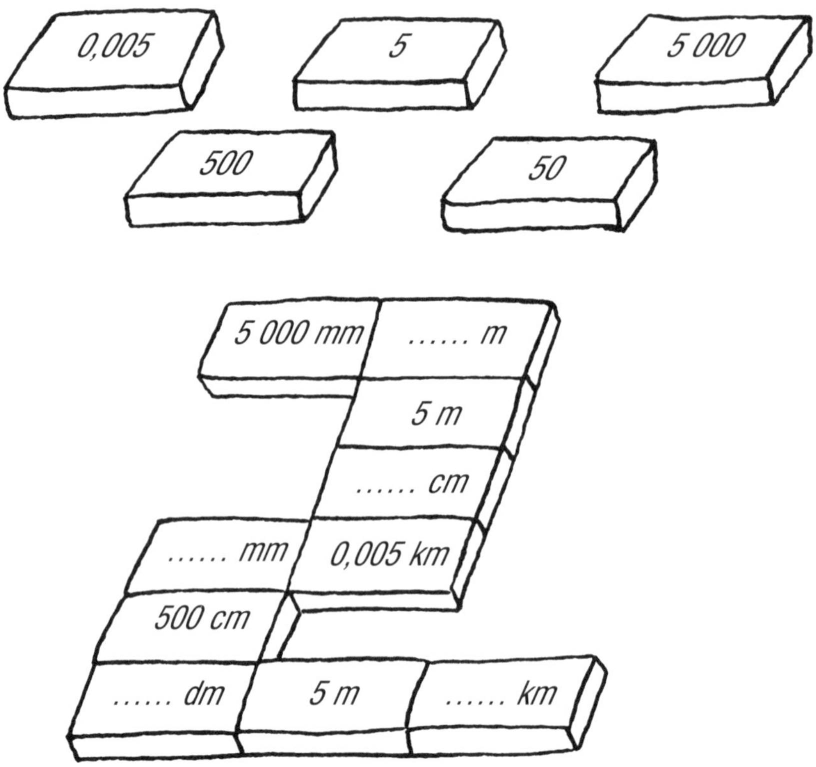

3. Herr Krabbe, Frau Schildkröte und Fräulein Natter machen einen Wettlauf. Wer kann deiner Meinung nach am weitesten laufen?

die Krabbe	die Schildkröte	die Natter
7 km	0,5 km	60 000 dm

die Krabbe = 7 km = ... m

die Schildkröte = 0,5 km = ... m

die Natter = 60 000 dm = ... m

Sieger ist ....

Trick!
Um die Entfernung vergleichen zu können, musst du sie in die gleiche Einheit umwandeln.

4. Wer springt am höchsten? Verbinde das Tier, das am höchsten gesprungen ist, mit dem 1. Platz. Fahre dann mit dem 2. und 3. Platz fort.

1. Jan befindet sich am Eingang eines Naturparks. Er würde gerne eine lange Wanderung machen. Male das Schild, das die längste Wanderung enthält, braun an, das mit der kürzesten Wanderung orange.

2. Schreibe auf die punktierte Linie ein passendes Längenmaß. Denke logisch!

Das Auto von Herrn Picoton ist 430 .... lang.

Die Entfernung zwischen Brüssel und Paris beträgt 300 ....

Mein Bruder misst fast 2 ....

Die Länge deines Daumens beträgt fast 7 ....

Maries Stift ist ungefähr 1,2 .... lang.

3. In jeder Zeile befindet sich ein Längenmaß, das mit dem im ersten Kästchen übereinstimmt. Umrahme es.

35 m	3500 mm	0,35 dm	0,035 km
5 m	5000 mm	50 cm	5 km
17 cm	1,7 dm	0,017 km	1700 mm
0,4 km	4 dm	400 m	4000 mm
16 km	1600 cm	16000 dm	16 000 000 mm

Übung 6 — Die Maßeinheiten des Gewichts

1. Vervollständige die Kästchen mit den fehlenden Maßeinheiten der Gewichte.

kg			g			mg

2. Male in jeder Zeile das größte Gewicht blau, das kleinste grün.

73 g	0,2 kg	7,8 kg	7900 g
26 mg	0,26 kg	6 kg	3 g
330, 3 mg	0,03 kg	3 g	3,7 kg
1;05 kg	300 g	10420 mg	2 g
64 kg	64 g	64 mg	6,4 kg

3. Betrachte diese Tabelle ganz genau und schreibe dann den Wert der Zahl in das letzte Kästchen. Beachte dabei die Maßeinheit.

kg			g			mg	
		2,	6				= 26 g
				2	8		= .... mg
		3	2	3			= .... mg
	1	5	6				= .... g
			1,	3	6		= .... g
			0,	6			= .... g

Addiere die folgenden Gewichte.

Trick!

Um einfacher rechnen zu können, musst du zunächst alle Maßeinheiten in eine gemeinsame Einheit verändern. Dann wird es viel leichter werden.

1/2 g + 320 mg + 11 g =

1/2 g	=	....	mg
320 g	=	....	mg
11 g	=	....	mg
Zusammen	=	....	mg

45 g + 3 kg + 1/2 kg =

45 g	=	....	g
3 kg	=	....	g
½ kg	=	....	g
Zusammen	=	....	g

4 kg + 4500 g + 1/2 kg =

4 kg	=	....	g
4500 g	=	....	g
1/2 kg	=	....	g
Zusammen	=	....	g

0,75 kg + 3 g + 2600 g =

0,75 kg	=	....	g
3 g	=	....	g
2600 g	=	....	g
Zusammen	=	....	g

6000 g + 3 mg + 3 kg =

6000 g	=	....	mg
3 mg	=	....	mg
3 kg	=	....	mg
Zusammen	=	....	mg

0,31 g + 2 kg + 4 mg =

0,31 g	=	....	mg
2 kg	=	....	mg
4 mg	=	....	mg
Zusammen	=	....	mg

Trick!

Die Zahl, die die Einheit darstellt, musst du immer in die dazu gehörige Spalte schreiben. Eine Spalte zwischen hl und l bleibt frei, da zwischen den Einheiten ein 100-Schritt liegt.

Beispiel: 380 l = 3 in hl , 8 = in die leere Spalte, 0 = in l

Lies den oben beschriebenen Trick und schreibe die folgenden Zahlen in die Tabelle. 380 l sind schon eingetragen.

345 dl - 9 ml - 112 l - 46 dl - 10 cl

hl		l	dl	cl	ml
3	8	0			

Mache das Gleiche mit Dezimalzahlen. Die Zahl, die sich vor dem Komma befindet, stimmt mit der Maßeinheit überein.

3,4 cl - 66,6 l - 19,23 dl - 8,5 hl - 2,6 cl - 384,2 dl

hl		l	dl	cl	ml

1. Nikolas muss seine Tabelle mit den Maßeinheiten für Volumen fertig machen und mit 10, 100 oder 1000 multiplizieren oder dividieren. Kannst du ihm helfen? Pass gut auf, die Maßeinheiten sind nicht in der richtigen Reihenfolge.
   Beispiel: Wenn ich 100 mal 1 cl Wasser in ein Glas schütte, erhalte ich einen Liter Wasser.

	cl	l	hl	dl	ml
x 100					
: 1000					
x 10					
: 10					

2. Wandle alle Angaben in die Maßeinheit Liter um.

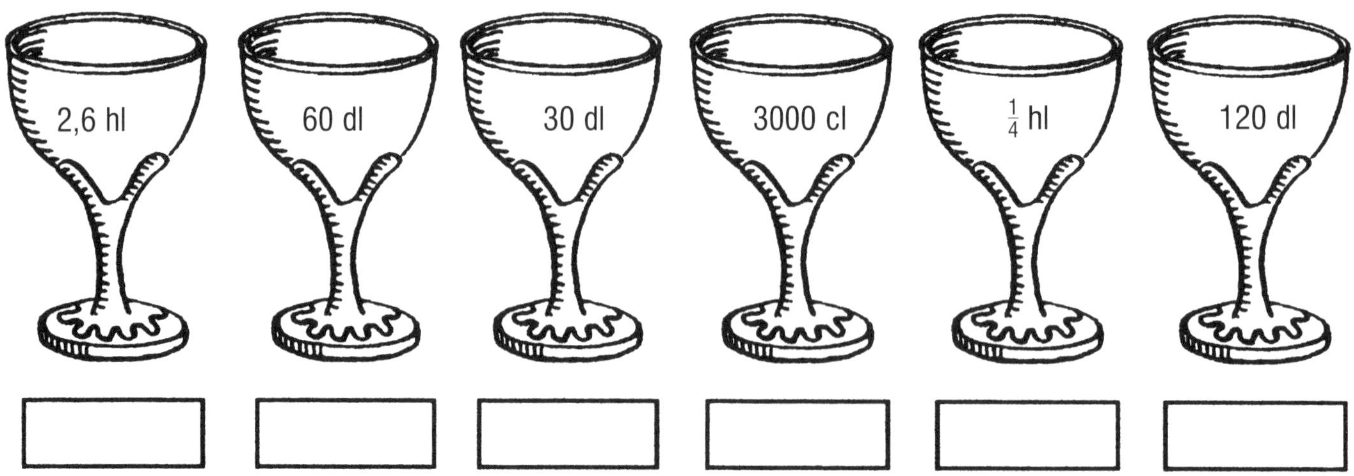

3. Welches sind die größten Volumen? Du findest es heraus, indem du die beiden Maßeinheiten in eine gleiche Maßeinheit verwandelst.

Vergleiche	Verwandeln in cl	größtes Volumen
65 cl und 3 dl		
120 ml und 21 cl		
0,5 l und 4 dl		
0,6 dl und 16 cl		
12 cl und 1 dl		
5 dl und 55 cl		
330 ml und 30,3 cl		
7,6 dl und 676 ml		
0,3 l und 290 cl		
2 cl und 0,5 dl		

4. Finde heraus, welche Tasse mit dem Volumen der Teekanne übereinstimmt.

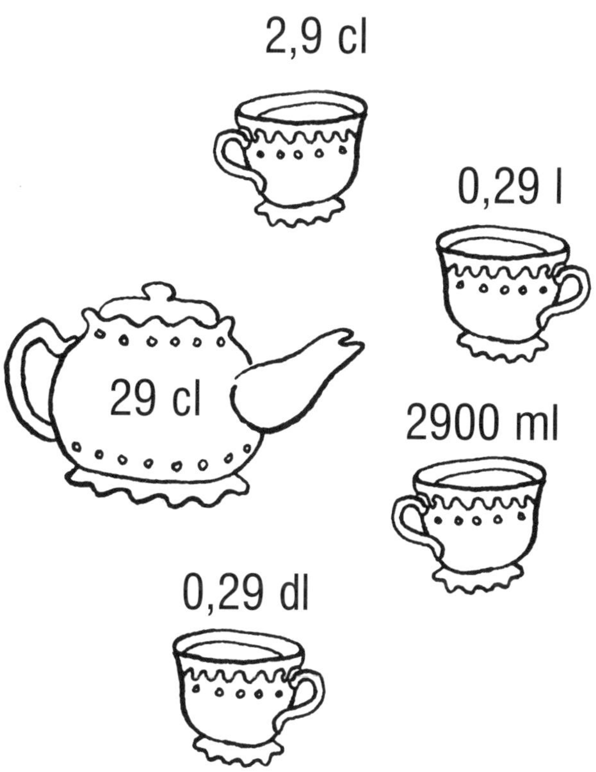

Übung 10 Wandle die Maßeinheiten des Volumens um

1. Was für eine lustige Benzinstation. Hast du die unterschiedlichen Maßeinheiten auf der Zapfsäule bemerkt?

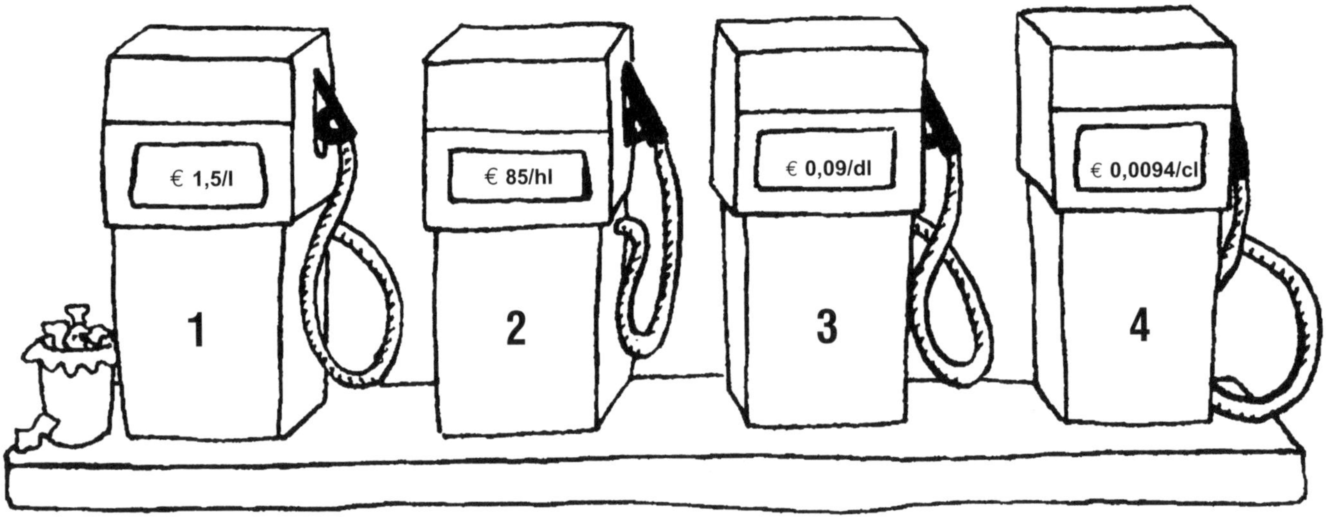

Max braucht für seinen Porsche 26 Liter. Er benutzt die Tanksäule 1.
Roger braucht für seinen Mercedes 18,5 Liter. Er benutzt die Tanksäule 2.
Luc nimmt 34 Liter aus der Tanksäule 3 und Samuel 12 Liter aus der Tanksäule 4.
Wie viel müssen sie bezahlen?

Max nimmt .... Liter.

1 l kostet .... €. Max muss .... € bezahlen.

Mach die gleiche Rechung für Roger.

....

....

Und für Luc.

....

....

Und für Samuel.

....

....

2. Um zwei Erfrischungsgetränke vorzubereiten, musst du die Volumen der Zutaten bestimmen, die dazu gemischt werden.

Rezept eines Orangentees:

40 cl schwarzer Tee
15 cl Orangensaft
1 dl Zitronensaft
10 cl Johannisbeersirup

Male in dem 1. Behälter das Volumen des schwarzen Tees farbig an
im 2. Behälter das Volumen des Orangensaftes
im 3. Behälter das Volumen des Zitronensaftes
im 4. Behälter das Volumen des Johannisbeersirups

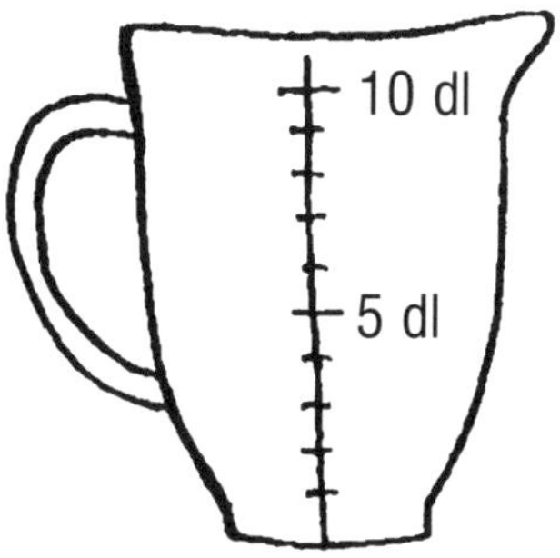

Behälter 1

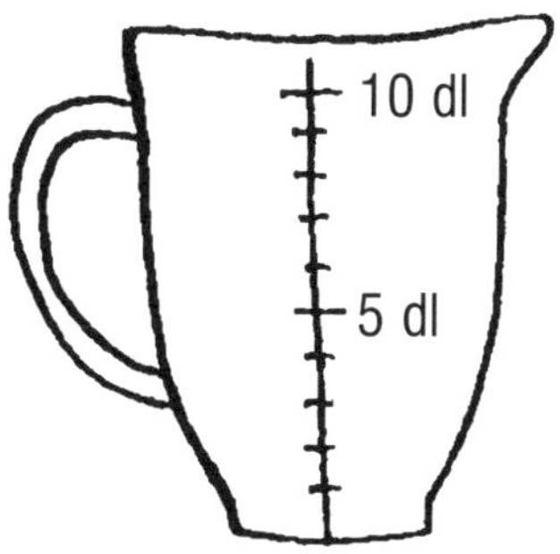

Behälter 2

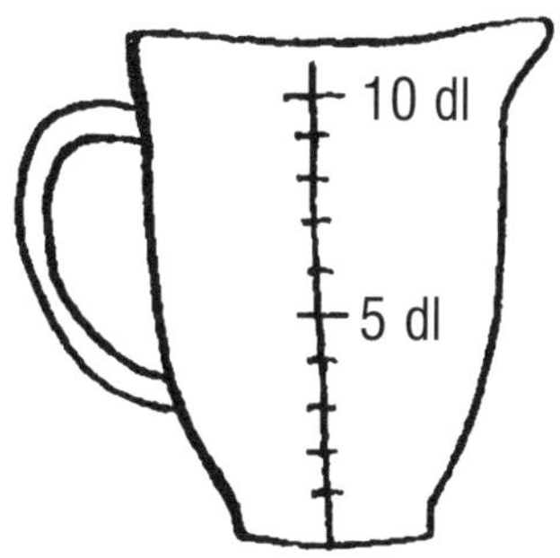

Behälter 3

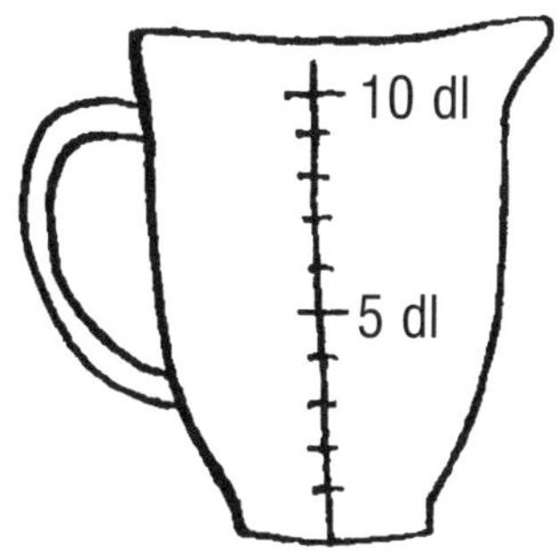

Behälter 4

Stell dir vor, wie es ist, wenn du alle Zutaten auf einmal in den Behälter 5 schüttest und danach kräftig umrührst. Male das Gesamtvolumen des Orangentees in den Behälter.

Wie viel Flüssigkeit hast du insgesamt erhalten?

....

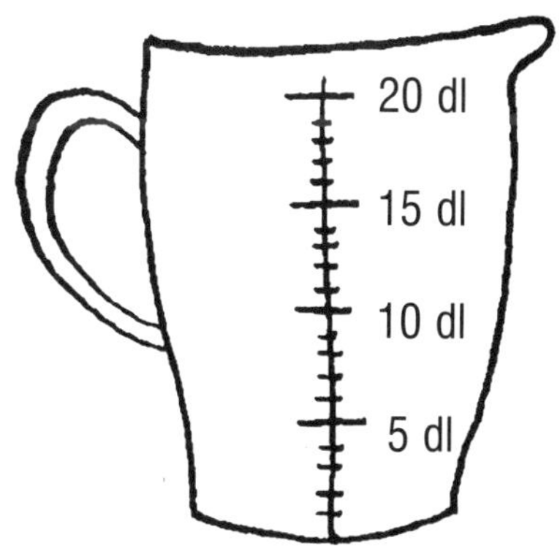

Behälter 5

Rezept einer Schokoladencreme

30 cl Ananassaft
1 dl Schokoladen-Nuss-Sirup
4 cl Sahne

Wie viel Volumen von der Schokoladencreme wirst du bei den angegebenen Zutaten erhalten?

....

Professor Genius hat eine Maschine erfunden, die Brüche in Dezimalzahlen verwandelt.
Pass gut auf, was im Inneren der Maschine passiert.
Sie verwandelt alle Werte, um den Nenner 10, 100 oder 1000 zu erhalten. Mach du jetzt weiter.

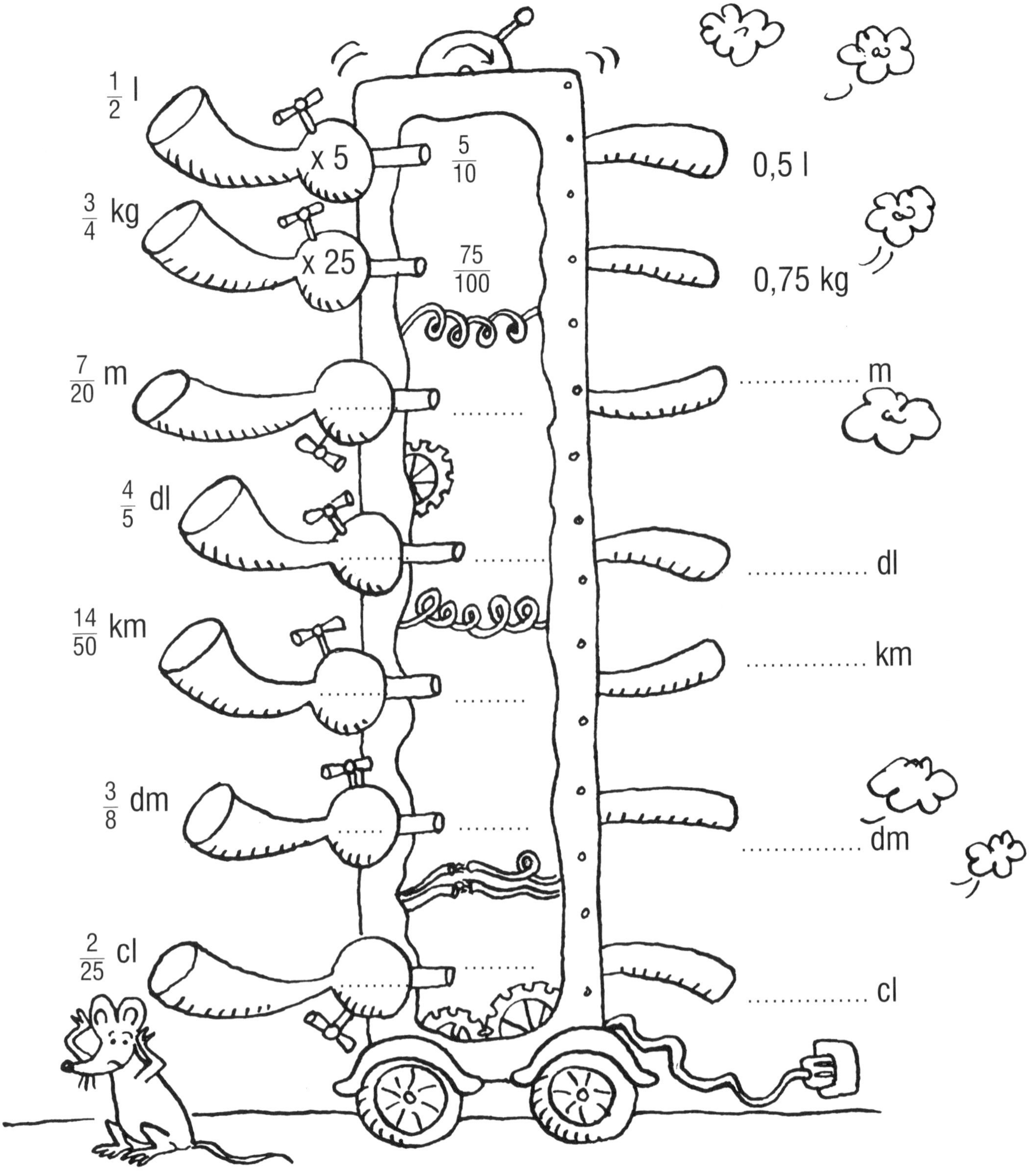

Übung 12 Rechne mit den verschiedenen Maßeinheiten

Löse die unten stehenden Aufgaben und male das passende Ergebnis in der Tabelle an.
Wenn du richtig geantwortet hast, erhältst du einen Buchstaben.

3 l + 20 cl = ... cl

0,6 kg – 100 g = ... g

2 g - 600 mg = ... mg

3,5 l + 1,3 l – 0,1 l = ... l

1 dm – 1 mm = ... mm

2 g – 300 mg = ... mg

8 hl – 700 l = ... l

5 km – 5 000 m = ... m

10 mg + 10 mg + 0,01 g = ... mg

99 dl + 0,01 hl = ... l

20 mm + 1 cm = ... cm

0,2 m + 1 dm = ... cm

3 hl – 2 l = ... dl

692 dl	30 cm	11,1 cm	32 dl	23 l	3 cm	10,1 g
5 hg	1400 mg	100 l	51 m	320 cl	0 m	25 dm
0 mm	10,9 l	320 dl	2980 dl	12 cm	4,7 l	1,2 g
99,9 mm	500 g	999 mm	21 cm	59 kg	99 mm	49 l
5 g	1700 mg	50 km	59 hg	3200 g	30 mg	1 hl

Der Buchstabe, der in der Tabelle zu sehen ist, heißt ....

Dieser Buchstabe ist eine Maßeinheit:

O der Länge O des Gewichts O des Volumens

Übung 13 — Die Maßeinheiten der Oberfläche

1. Hier ist eine Tabelle mit allen Flächeneinheiten. Sie soll vervollständigt werden. Setze die Zahlen an ihre richtige Stelle in der Tabelle.

   3 m^2 - 16,9 a - 7, 33 cm^2 - 6,17 km^2 - 4 832 mm^2 - 0, 489 km^2 - 12 dm^2 - 8,9 cm^2 - 99 999 m^2 - 6 mm^2

Trick!
Schreibe die Zahlen mit Komma anders als die Zahlen ohne Komma.

km^2	ha	a	m^2	dm^2	cm^2	mm^2

2. Führe auch folgende Umrechnungen durch. Die Tabelle kann dir dabei helfen.

   0,128 km^2 = ... m^2

   6 mm^2 = ... dm^2

   0,8 cm^2 = ... m^2

   368 km^2 = ... m^2

   183, 9 dm^2 = ... m^2

3. Zerlege die folgenden Werte. Die Beispiele helfen dir.

Beispiele:
$47{,}230856\ km^2 = 47\ km^2 + 230856\ m^2$
$3856\ dm^2 = 38\ m^2 + 56\ dm^2$

$281653\ cm^2$ = ...

$0{,}1002\ km^2$ = ...

$563287\ mm^2$ = ...

$51906{,}3561\ m^2$ = ...

$314025600\ dm^2$ = ...

$9807\ dm^2$ = ...

$183333\ mm^2$ = ...

$3145{,}63\ cm^2$ = ...

$2{,}1\ km^2$ = ...

$3160\ m^2$ = ...

4. Und jetzt kannst du die verschiedenen Werte addieren.

Beispiel:
$17\ m^2 + 13\ dm^2 + 2\ cm^2 = 17{,}1302\ m^2$
$8\ dm^2 + 61\ cm^2 + 32\ mm^2 = 86132\ mm^2$

$83\ m^2 + 12\ dm^2 + 36\ cm^2$ = ... cm^2

$8\ km^2 + 12\ m^2$ = ... m^2

$73\ km^2 + 183800\ m^2$ = ... km^2

$63\ m^2 + 21\ cm^2$ = ... dm^2

$9\ m^2 + 5\ dm^2 + 9\ cm^2$ = ... m^2

1. Herr Gilson sucht ein Baugrundstück.
   In einer Zeitung findet er drei Anzeigen, die ihn interessieren. Kannst du die Flächen in m^2 umwandeln?

Trick!
Merke: 1 a = 100 m^2
1 ha = 10000 m^2

ESSEN Zentrum
1000 m vom Innenstadt-
zentrum entfernt.
Wohnviertel
10 a, 14,6 m Breite
Preis: 82650 Euro

Bauplatz = ... m^2

MÜNCHEN (Süd)
5 min von der Ringautobahn
4 a 55 m^2
Preis : 76082 Euro

Bauplatz = ... m^2

Bremen
Ruhiges Wohngebiet
13 a 54 m^2
Preis 116510 Euro

Bauplatz = ... m^2

Herr Gilson möchte einen Bauplatz in einer Stadt kaufen, in der der Preis nicht so hoch ist.
Kannst du all die Messungen vergleichen?

Essen: 10 a = ... m^2 für 82650 Euro

1 m^2 für .... Euro

München: 4 a 55 m^2 = ... m^2 für 76082 Euro

1 m^2 für .... Euro

Bremen: .... = ...

....

Der Bauplatz, der am billigsten ist, liegt in ....

2. Überlege mit Thomas. In seiner Schultasche befindet sich ein kleines Papier mit drei kniffeligen Aufgaben.

1. Wandle die Brüche in Dezimalzahlen um.
2. Verwandle die Maßeinheiten mit Hilfe der Tabelle.
3. 1 a = 100 m² 1 ha = 10000 m²

$\frac{3}{4}$ ha = …… , …… ha = …………… m²

$\frac{1}{2}$ a = …… , …… a = …………… m²

$\frac{4}{10}$ m² = …… , …… m² = …………… m²

Summe = …………… m²

5 ha = …………… m²

0,9 ha = …………… m

0,07 a = …………… m²

Summe = …………… m²

$\frac{3}{4}$ m² = …… , …… m² = …………… dm²

2800 m² = …………… dm²

0,78 m² = …………… dm²

Summe = …………… dm²

Zu deiner Hilfe kannst du die Tabelle benutzen.

km²	ha	a	m²	dm²	cm²	mm²

Die Maßeinheiten der Fläche und Oberfläche

1. Löse die folgenden Übungen und hilf dir mit der Tabelle.

Maßeinheiten der Flächen	km^2	ha	a	m^2	dm^2	cm^2	mm^2

100 mal größer als 1 m^2 = ...

100 mal größer als 1 a = ...

10000 mal größer als 1 cm^2 = ...

10000 mal größer als 1 a = ...

2. Vervollständige die folgende Übung.

Eine Oberfläche, die 100 mal größer ist als 1 m^2 = ...

1 ha ist .... mal größer als 1 a.

1 mm^2 ist 1000000 mal .... als 1 m^2.

1/10 000 a ist 1 ....

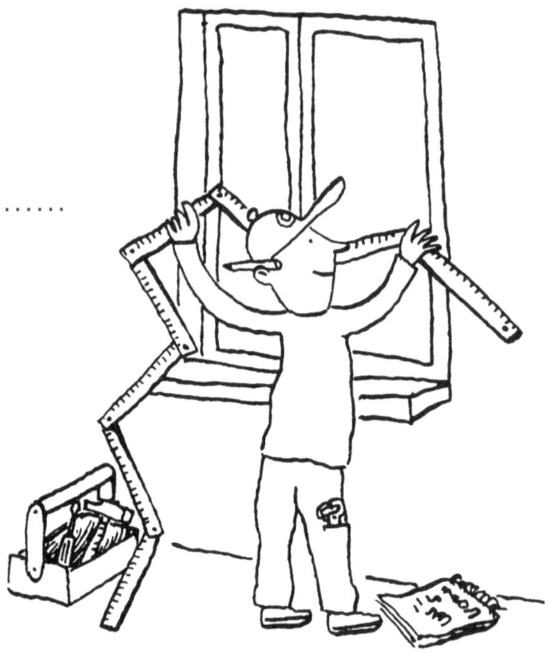

3. Vervollständige die folgende Übung.

20 a =	**3 a =**	**10 m^2 =**
10 a + ... a	.... a + 2 a	9 m^2 + ... m^2
0,10 ha + ... ha	200 m^2 + ... m^2	0,09 a + ... a
.... m^2 + 1200 m^2	2 a + ... m^2	900 dm^2 + ... dm^2

Die Maßeinheiten des Rauminhalts

Um ohne Alarm auszulösen in den Tresorraum zu gelangen, muss der Einbrecher Julian die Alarmanlage verstehen. Er darf auf die Felder gelangen, deren Ergebnis kleiner als 1 m^3 sind. Benutze die unten stehende Tabelle und male die richtigen Schritte an.

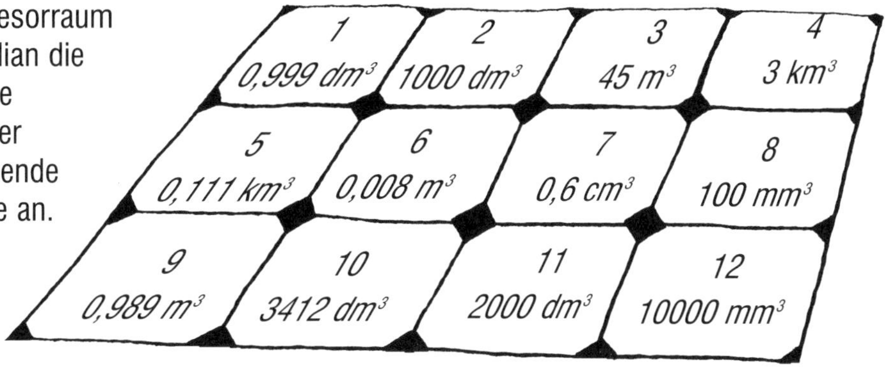

km^3			m^3	dm^3	cm^3	mm^3

Wenn du richtig angemalt hast, erhältst du den Code, um in den Tresorschrank zu gelangen. Male auch diese Ziffern an.

Übung 17

1. Zeichne die richtige Uhrzeit.

Trick!

Ein vollständiger Tag hat 24 Stunden, aber das Ziffernblatt einer Uhr hat nur Platz für 12 Stunden. Wenn du die Uhrzeit für den Nachmittag anzeigen willst, füge 12 weitere Stunden hinzu.

17 h

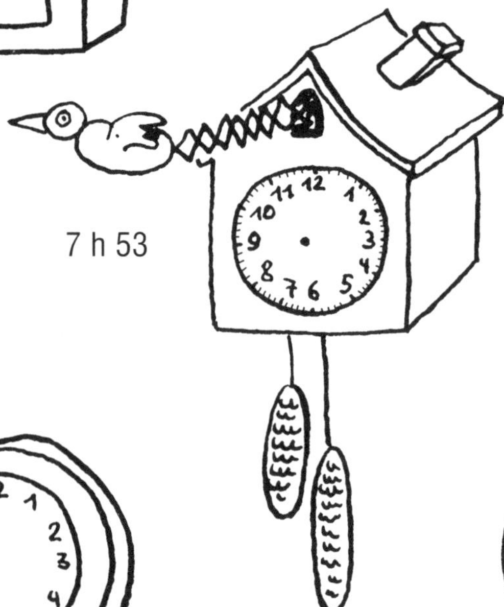

7 h 53

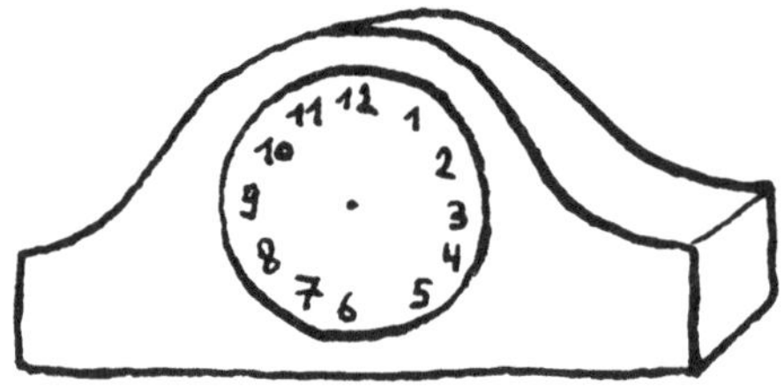

10 h 30

5 h 45

8 h 15

22 h 30

2. Wie spät ist es auf den Uhren? Fülle die dazugehörigen Kästchen aus.

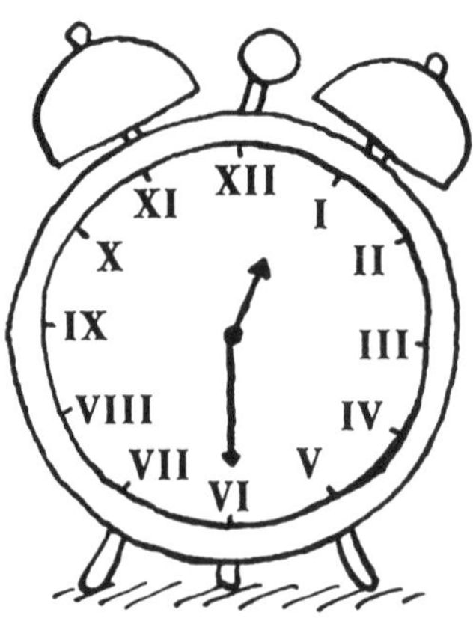

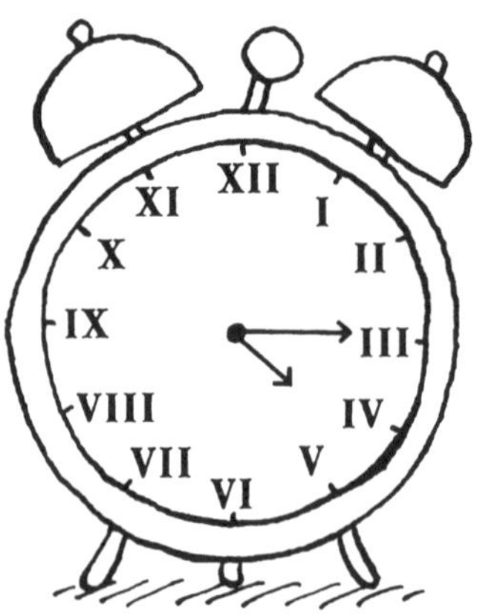

Marie versucht, mit der Uhrzeit zu rechnen. Aber bevor sie anfängt, denkt sie über den unten stehenden Trick nach.

Trick!

Mit den Zeiteinheiten hat man eine Umrechnung von 60, und nicht mehr von 10, daraus ergibt sich eine andere Einheit. Man braucht 60 Sekunden um 1 Minute zu erreichen und 60 Minuten um eine Stunde zu erreichen. Dabei kürzt man die Zeiteinheiten folgendermaßen ab:
Stunde = h , Minute = min, Sekunde = s.
Zum Beispiel:

6 h 21 min 40 s	Ich entferne 1 min, es bleiben noch 20 min.
– 9 min 51 s	1 min = 60 s
______________	40 s + 60 s = 100 s
6 h 11 min 49 s	100 s – 51 s = 49 s

Und jetzt du!

3 h 40 min 48 s	9 h 25 min 45 s	3 h 12 min 09 s
+ 02 min 11 s	+ 3 h 41 min 36 s	+ 06 min 14 s
… h … min … s	…………………………	…………………………

17 h 49 min 03 s	11 h 03 min 45 s	8 h 01 min 59 s
– 57 min 03 s	– 5 h 04 min 50 s	– 7 h 59 min 01 s
…………………………	…………………………	…………………………

Übung 19

Hier ist das Programm zweier Fernsehsender, der Kinderkanal und RTL. Kannst du auf die Fragen antworten?

Kinderkanal

8.30	Kinderdoku: Alles im Wasser
8.55	Das Leben der Dinosaurier
9.25	Film: Das Monster aus dem Freizeitpark (Zeichentrick)
10.35	Im Urwald
12.50	Tennis: Grand Slam Turnier
16.30	Nono, der Spatz
16.35	Das Reich der Füchse (Serie)
16.40	Pu derBär
16.45	Unser Planet1
17.00	News für Kids (Informationen für Jugendliche)
17.10	Das Beste aus den Zeichentrickserien
17.45	Aus dem Reich der Elfen Osteuropäische Wälder
18.10	Start! Spiel
18.20	Lebe mit mir! Sendung für Jugendliche
18.40	Unglaublich! Heute: Die Zwerge
18.50	Sondra: Amerikanische Serie
19.20	Max: Aufregende Abenteuer
19.30	Kamikaze: Abenteuer aller Art

RTL

7.00	Frühstücksfernsehen
8.00	Das Beste aus der Mode-TV
16.00	Unterwegs
17.00	Reisereport (Disneyland, Paris)
18.30	Spiel mit
19.00	Top of the pops (die Hits der Top-ten)
20.00	BBZZ (Zeichentrick)
21.00	Spiel mit (2. Teil)
21.30	Unterwegs
22.30	Das Beste des Jahres 2004, Show
23.30	Flash info
23.35	Das Beste aus der Mode-TV, Zusammenfassung

Um wie viel Uhr beginnt die Sendezeit bei RTL? ....

Wie lange dauert die Sendung „Im Urwald" im Kinderkanal? ....

Um wie viel Uhr endet die Sendung „Alles im Wasser" im Kinderkanal? ....

„Spiel mit" ist eine Sendung. Auf welchem Sender läuft sie und wann fängt sie an? ....

Wie groß ist der Zeitunterschied zwischen der ersten und der letzten Sendung bei RTL? ....

Wie viel Zeit braucht die Sendung „Start" im Kinderkanal? ....

Wie viele Minuten liegen zwischen dem Anfang der Sendung „Sondra" und dem Ende der Sendung „Max"? ....

1. Wenn du dich für das alte Rom interessierst, musst du wissen, auf welche Art und Weise die Römer zählten.
   Vollende die römische Turmuhr mit den Ziffern.

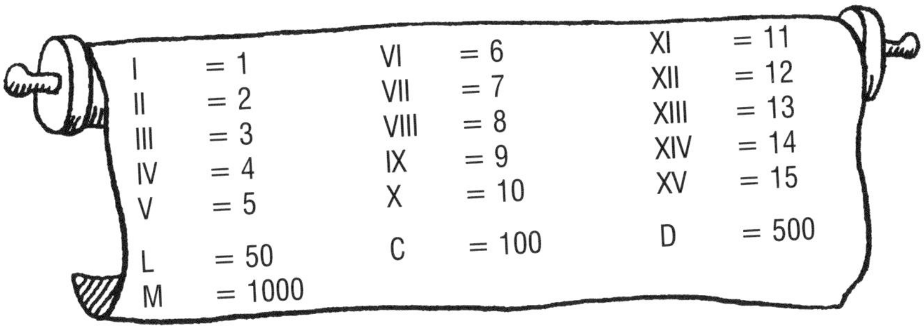

2. Verwandle die römischen Ziffern in arabische (das sind die, die wir täglich gebrauchen). Achtung: Wenn eine kleinere Ziffer einer größeren voran gestellt ist, wird sie subtrahiert. Du addierst dagegen die nachgestellten. Schau dir das Beispiel genau an:

M	**C**	**M**	**L**	**X**	**V**
1000	100	1000	50	10	5 = 1000 + 900 + 50 + 10 + 5 = 1965
	1000 - 100 = 900				

Und jetzt du!

MCM = ...

XL = ...

MCMLXVII = ...

LXV = ...

MLXXVI = ...

3. Mache nun das Gegenteil: Wandle die arabischen Zahlen in römische Schreibweise um.

9 = IX

16 = ...

20 = ...

121 = ...

314 = ...

56 = ...

Übung 21

Die Zeiteinteilung

Maxi hat diese Fragen schon beantwortet. Er hat 17 von 20 Punkten erreicht.
Kannst du es besser als er?

1. Ein Jahr hat .... Wochen.
2. Ein Tag hat .... Stunden.
3. Ein Trimester enthält .... Monate.
4. Die Erde dreht sich in .... Tag(en) um die eigene Achse.
5. Eine Minuten enthält .... Sekunden.
6. Eine Stunde enthält .... Sekunden.
7. Ein Schaltjahr hat .... Tage.
8. Ein Semester dauert .... Monate.
9. Ein Tag hat .... Sekunden.
10. Ein Jahr enthält .... Tage.
11. Die Erde braucht für das Umkreisen der Sonne .... Jahr(e).
12. Der Frühling beginnt am ...., der Sommer am ....,

    der Herbst am .... und der Winter am ....

13. Eine Viertelstunde dauert .... Minuten.
14. In einem Jahr, das kein Schaltjahr ist, hat der Februar .... Tage.
15. Der siebte und achte Monat des Jahres heißen .... und ....
16. Eine Woche hat .... Stunden.
17. Ein Jahrhundert hat .... Jahre.
18. 4 Viertelstunden enthalten .... halbe Stunden.
19. 120 Sekunden ergeben .... Minuten.
20. Ein Jahr hat .... Monate.

Ergebnis: ..../20

1. Lorenz Leidenschaft ist die Meteorologie. Jeden Tag misst er die Außentemperatur seines Wohnortes. Male auf jedem Thermometer die gemessene Temperatur farbig ein.

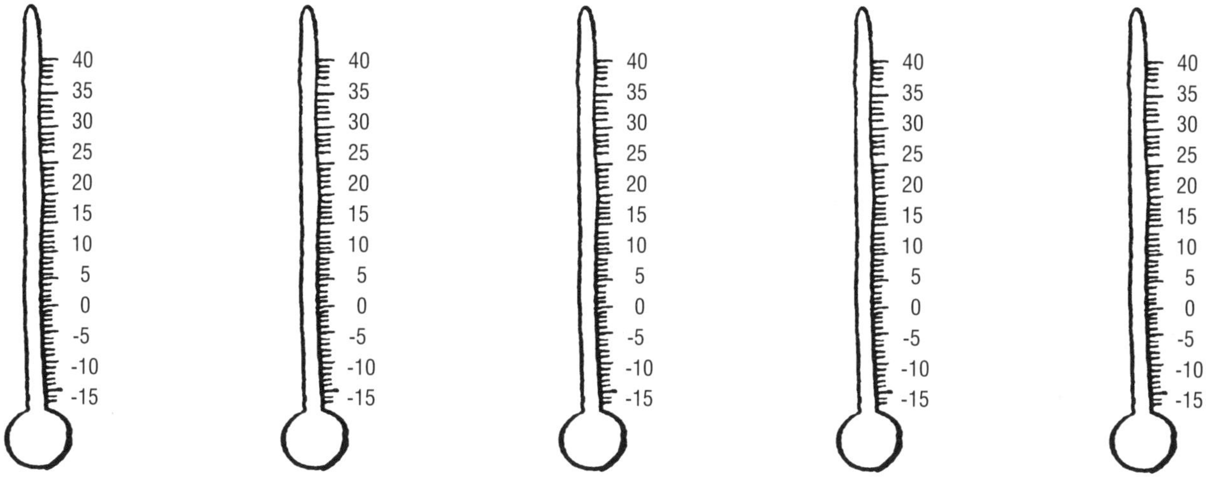

Montag: 7° C Dienstag: 2° C Mittwoch: – 3° C Donnerstag: 3° C Freitag: 6° C

Der wärmste Tag ist der ....

Welcher Tag ist der kälteste? ....

Der Unterschied zwischen der höchsten und der niedrigsten Temperatur beträgt .... Grad Celsius (°C).

2. Arme Sophie. Sie liegt mit Fieber im Bett. Der Arzt gibt ihr sein Thermometer. Welche Temperatur zeigt jedes Thermometer an? Schreibe sie in das daneben stehende Kästchen. Umkreise das Kästchen, das Sophies Fieber anzeigt.

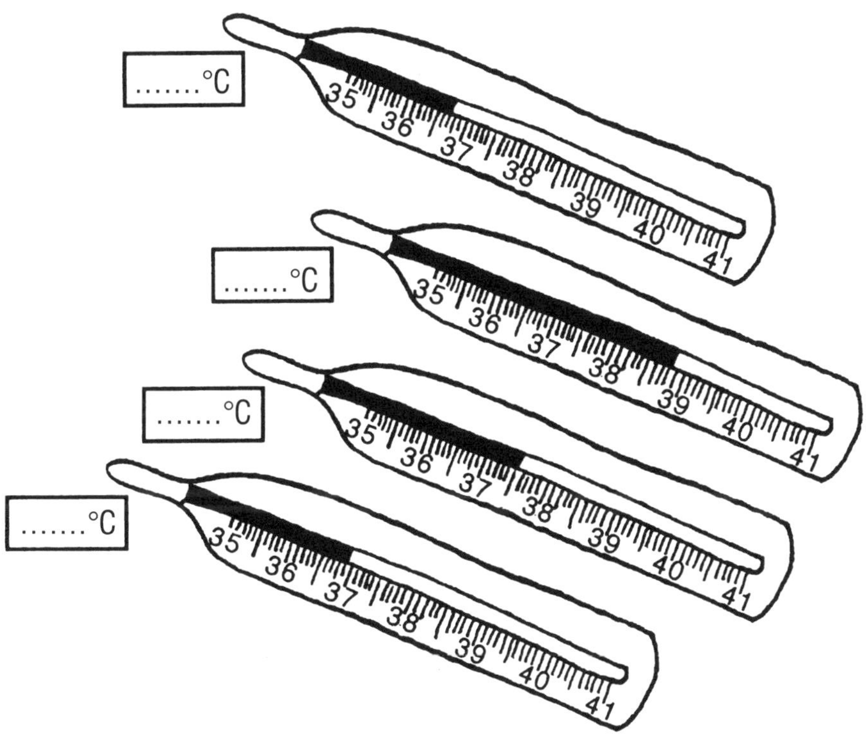

Übung 23 — Kennen lernen des Euro

1. Kennst du den Euro (€) gut? Schreibe die Geldscheine des Euro auf, die du kennst. Es gibt sieben.

1. .... 5. ....

2. .... 6. ....

3. .... 7. ....

4. ....

2. Schreibe jetzt die Werte der Geldmünzen, die du kennst. Es gibt acht.

1. .... 5. ....

2. .... 6. ....

3. .... 7. ....

4. .... 8. ....

3. Male die Europakete in der gleichen Farbe an, die den gleichen Wert haben.

Übung 24

Rechne mit dem Euro

1. Großvater Hubert geht einkaufen. Hier sind die Dinge, die er einkaufen soll.

Wie viel muss Großvater Hubert an der Kasse bezahlen?

.... = ...

2. Hans kauft für seine Mutter ein. Er muss ihr natürlich den Bon von der Kasse zeigen. Aber … Mist! Der Bon ist zerrissen und die Gesamtsumme fehlt. Hans bezahlt mit einem 20 Euro-Schein.

Kannst du die Gesamtsumme ausrechnen?

....

Wie viel muss er seiner Mutter zurückgeben?

....

Übung 25

Zusammenfassung

1. Male die Gegenstände an, die kleiner sind als 1 Liter.

12,5 cl

2,5 dl

4000 ml

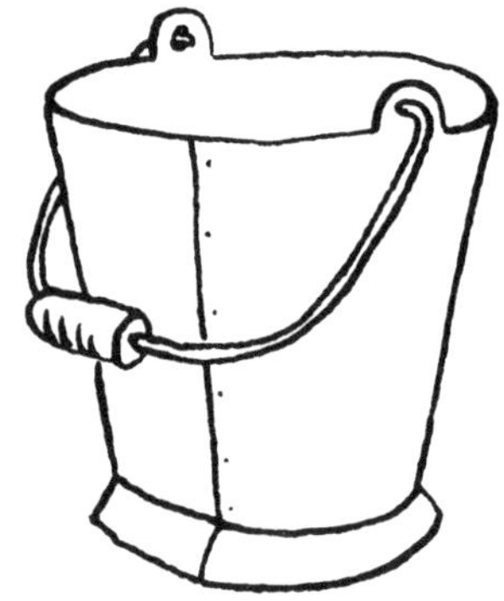
80 dl

90 cl

120 ml

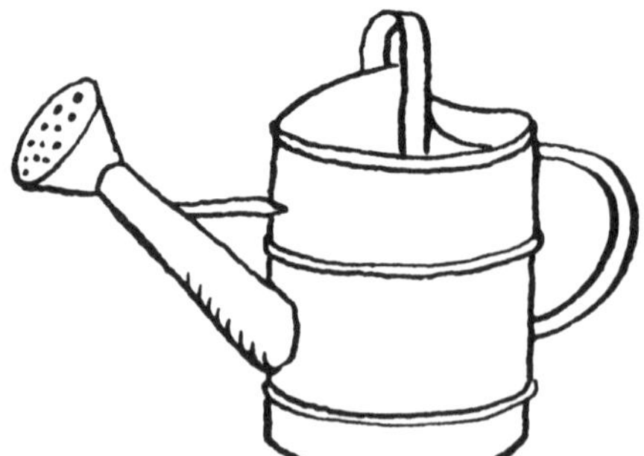
1000 cl

2. Schreibe die unten stehenden Werte als Dezimalzahlen.

9 m 5 cm = ... dm	580 l = ... hl
31 l 5 cl = ... l	8 km 560 m = ... km
9700 g = ... kg	12 g = ... kg

3. Ordne von klein nach groß.

0,5 t	1 kg	500 g	....
88 dl	8 dl	8 cl	....
0,8 m	800 m	80 dm	....

4. Schreibe die Einheit, die dazu passt. Wähle zwischen cm^2 - dm^2 - m^2 - a

Die Fläche eine Postkarte beträgt 150 ....

Die Fläche einer Schulklasse beträgt 35 ....

Die Sitzfläche eines Stuhles beträgt 20 ....

Die Fläche eines Gartens beträgt 3 ....

5. Wandle um.

73 g	= .... mg	240 g	= .... kg
0,16 km	= .... m	17 dl	= l
3 cl	= l	2 a	= .... m^2
105 kg	= .... g	7,5 hl	= .... ml
1 t	= .... kg	330 mg	= .... kg

6. Vervollständige

Abfahrt	Ankunft	Dauer der Reise in h und min
9 h 53 min	13 h 07 min	....
6 h 00 min	12 h 01 min	....
21 h 30 min	0 h 04 min	....

7. Rechne

```
   12 h  17 min  06 s
+         1 min  59 s
---------------------
...... h ...... min ...... s
```

```
   18 h  00 min  00 s
−                53 s
---------------------
...... h ...... min...... s
```

Übung 26

Überprüfe deine Kenntnisse

Mit Hilfe dieser Aufgaben wirst du herausfinden, ob du ein Crack im Rechnen mit Maßen und Gewichten geworden bist. Male um jede richtige Antwort einen kleinen Kreis.

1. 1/2 Tonne =
   0 0,5 kg
   0 500 kg
   0 1000 g

2. 1 Euro =
   0 100 Cent
   0 403399 Cent
   0 40 Cent

3. 2 g + 3 g =
   0 5000 mg
   0 0,5 kg
   0 50 g

4. In einem Schaltjahr hat der Monat Februar:
   0 30 Tage
   0 28 Tage
   0 29 Tage

5. $\frac{1}{1000}$ 1 kg =
   0 1 g
   0 1 mg
   0 10 mg

6. Es ist viel einfacher, die Fläche eines Waldes in folgender Maßeinheit zu messen:
   0 ha
   0 m^2
   0 a

7. 1 m^2 =
   0 10 a
   0 0,1 m^2
   0 100 dm^2

8. 7 h 53 am Abend bedeutet :
   0 17 h 53
   0 18 h 53
   0 19 h 53

9. Ein Tag dauert:
   O 24 Stunden
   O 12 Stunden
   O 1 Stunden

10. 2305 als römische Zahl schreibt sich:
   O MCCMCV
   O MCMCCV
   O MMCCCV

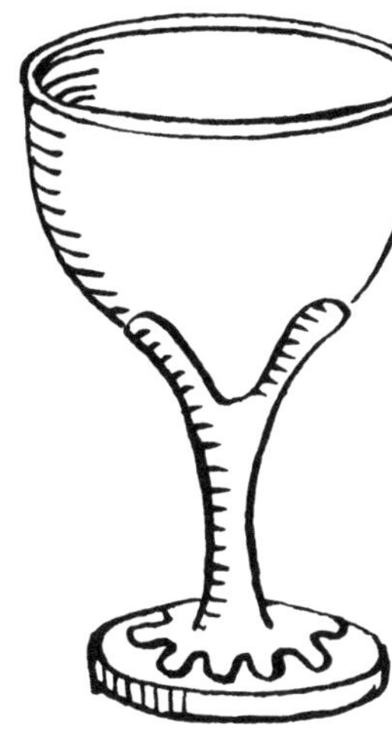

11. Ein Trimester dauert::
   O 3 Monate
   O 6 Monate
   O 4 Monate

12. 4832 m^2 =
   O 4 km^2 + 8 ha + 3 a + 2 m^2
   O 48 a + 32 m^2
   O 48 m^2 + 32 dm^2

13. $\frac{4}{5}$ dl =
   O 0,08 dl
   O 0,8 dl
   O 8 dl

14. 3 € – 0,45 € =
   O 2,55 €
   O 25,5 €
   O 2,65 €

15. 16 cl – 0,6 dl =
   O 10 cl
   O 15,4 cl
   O 15,4 dl

Vergleiche deine Antwort mit den Lösungen.

Du hast ………….. von 15 Punkten.

Lösung

Übung 1 - Maßeinheiten

Rot = mm (Millimeter) - cm (Zentimeter) - dm (Dezimeter) - m (Meter) - km (Kilometer)
Grün = ml (Milliliter) - cl (Zentiliter) - dl (Deziliter) - l (Liter) - hl (Hektoliter)
Blau = mg (Milligramm) - g (Gramm) - kg (Kilogramm)

Übung 2 - Vergleiche die Maßeinheiten

1 dm
kleiner
1 Tonne
1 km
1000 ml
kleiner
1 000 m
größer
1 g
1 dl

Übung 3 - Die Längenmaße

8	7	m		
~~9~~,	4 *	⑤	dm	
0,	~~6~~	4 *	⑤	m
~~2~~	8, *	④	cm	
1, *	⑦	cm		
9	~~8~~	4 *	cm	
2	7,	~~6~~	m	
1,	7	8	9	km
1	2,	~~8~~	m	
3	6	~~2~~,	3 *	dm

Übung 4 - Entdecke die Längeneinheiten

1.

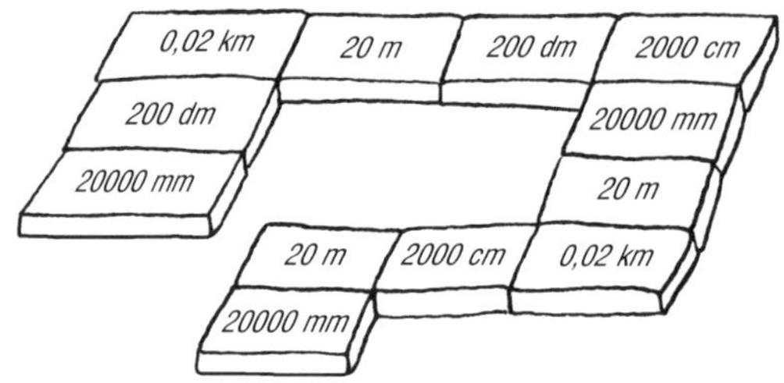

2.

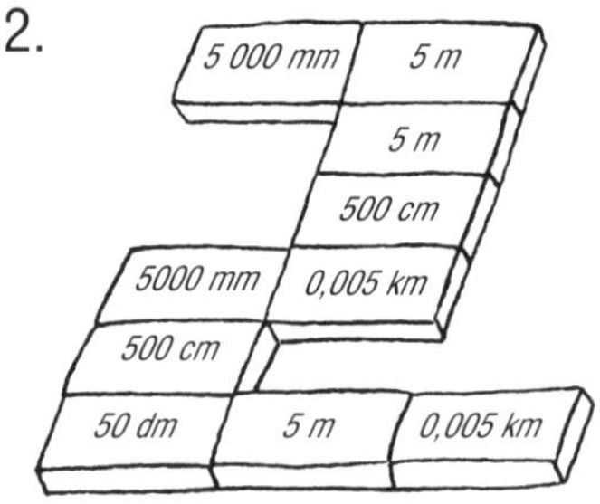

3. Die Krabbe = 7 km = 7000 m
   Die Schildkröte = 0,5 km = 500 m
   Die Natter = 60000 dm = 6000 m
   Sieger ist die Krabbe.

4. Die Schildkröte = 12 cm : 3. Platz
   Die Natter: 0,5 m = 50 cm : 1. Platz
   Die Krabbe: 2,5 dm = 25 cm: 2. Platz

Übung 5 - Die Eigenschaften der Längenmaße

1. Hirschallee 1, 8 km
   Geisterpfad 1 370 m = 1,37 km
   Teufelsweg 1, 5 km
   Adlerweg 20000 dm = 2 km
   Koboldpiste 0, 186 km
   Braun: Adlerweg
   Orange: Koboldpiste

2. cm, km, m, cm, dm

3. 35 m = 0,035 km
   5 m = 5000 mm
   17 cm = 1,7 dm
   0, 4 km = 400 m
   16 km = 16 000 000 mm

Übung 6 - Die Maßeinheiten des Gewichts

1. kg / 100 g / 10 g / g / 100 mg / 10 mg / mg

2. blau: 7900 g - 6 kg - 3,7 kg - 1, 05 kg - 64 kg
   grün: 73 g - 26 mg -3 g - 2 g - 64 mg

3. 26 g
   280 mg
   32300 mg
   156 g
   1,36 g
   0,6 g

Übung 7 - Wandle die Maßeinheiten um!

1/2 g = 500 mg
320 g = 320000 mg
11 g = 11000 mg
Zusammen = 331500 mg

45 g = 45 g
3 kg = 3000 g
½ kg = 500 g
Zusammen = 3545 g

4 kg = 4000 g
4500 g = 4500 g
1/2 kg = 500 g
Zusammen = 9000 g

6000 g = 6 000 000 mg
3 mg = 3 mg
3 kg = 3 000 000 mg
Zusammen = 9 000 003 mg

0,75 kg = 750 g
3 g = 3 g
2600 g = 2600 g
Zusammen = 3353 g

0,31 g = 310 mg
2 kg = 2 000 000 mg
4 mg = 4 mg
Zusammen = 2 000 314 mg

Übung 8 - Die Maßeinheiten des Volumens

hl		l	dl	cl	ml
3	8				
	3	4	5		
					9
1	1	2			
		4	6		
			1	0	

hl		l	dl	cl	ml
				3,	4
	6	6,	6		
		1	9,	2	3
8,	5				
				2,	6
	3	8	4,	2	

Übung 9 - Vergleiche die Maßeinheiten des Volumens

1.

	cl	l	hl	dl	ml
x 100	l	hl			dl
: 1000		ml	dl		
x 10	dl			l	cl
: 10	ml	dl		cl	

2. 2,6 hl = 260 l
   60 dl = 6 l
   30 dl = 3 l
   3000 cl = 30 l
   $\frac{1}{4}$ hl = 25 l
   120 dl = 12 l

3.

Verwandeln in cl	größtes Volumen
65 cl und 30 cl	65 cl
12 cl und 21 cl	21 cl
5 dl und 4 dl	0,5 l
6 cl und 16 cl	16 cl
12 cl und 10 cl	12 cl
50 cl und 55 cl	55 cl
330 ml und 303 ml	330 ml
760 ml und 676 ml	7,6 dl
30 cl und 290 cl	290 cl
2 cl und 5 cl	0,5 dl

4. 29 cl = 0,29 l
   150 ml = 1,5 dl

Lösung

Übung 10 - Wandle die Maßeinheiten des Volumens um

1. Max: 26 l
   1 l — 1,50 €
   26 l — 39,00 €
   Roger: 18,5 l — 0,185 hl
   1 hl — 85 €
   0,185 hl — 15,725 €
   Luc: 34 l — 340 dl
   1 dl — 0,09 €
   340 dl — 30,60 €
   Samuel: 12 l — 1 200 cl
   1 cl — 0,0094 €
   1 200 cl — 11,28 €

2. <u>Orangentee:</u>
   Behälter 1: 40 cl schwarzer Tee = 4 dl
   Behälter 2 : 15 cl Orangensaft = 1,5 dl
   Behälter 3 : 1 dl Zitronensaft
   Behälter 4 : 10 cl Johannisbeersirup = 1 dl

   Behälter 5: 4 dl + 1,5 dl + 1 dl + 1 dl = 7,5 dl = 0,75 l.

   <u>Schokoladencreme:</u>
   30 cl + 10 cl + 4 cl = 44 cl = 4,4 dl = 0,44 l.

Übung 11- Brüche und Dezimalzahlen

$\frac{7}{20}$ m x 5 = $\frac{35}{100}$ m = 0,35 m

$\frac{4}{5}$ dl x 2 = $\frac{8}{10}$ dl = 0,8 dl

$\frac{14}{50}$ km x 2 = $\frac{28}{100}$ km = 0,28 km

$\frac{3}{8}$ dm x 125 = $\frac{375}{1000}$ dm = 0,375 dm

$\frac{2}{25}$ cl x 4 = $\frac{8}{100}$ cl = 0,08 cl

Übung 12 - Rechne mit den verschiedenen Maßeinheiten

320 cl	0 m
500 g	30 mg
1400 mg	10,9 l
4,7 l	3 cm
99 mm	30 cm
1700 mg	2980 dl
100 l	

Der Buchstabe heißt M.
Er gehört zur Maßeinheit der Länge.

Übung 13 - Die Maßeinheiten der Fläche

1.

km^2		ha		a		m^2		dm^2		cm^2		mm^2	
							3						
				1	6,	9							
											7,	3	3
	6	1	7										
										4	8	3	2
	0,	4	8	9									
								1	2				
											8,	9	
			9	9	9	9	9						
													6

2. 128000 m^2
   0,0006 dm^2
   0,00008 m^2
   368 000 000 m^2
   1,839 m^2

3. 28 m^2 + 16 dm^2 + 53 cm^2
   0 km^2 + 100200 m^2
   56 dm^2 + 32cm^2 + 87 mm^2 =
   51906 m^2 + 35dm^2 + 61 cm^2 =
   3 km^2 + 140256 m^2 + 0 dm^2
   9807 dm^2 = 98 m^2 + 7 dm^2
   183333 mm^2 =18 dm^2 + 33 cm^2 + 33mm^2
   3145, 63 cm^2 = 31 dm^2 + 45 cm^2 + 63 mm^2
   2,1 km^2 = 2 km^2 + 10 ha
   3160 m^2 = 31 a + 60 m^2

4. 831236 cm^2
   8 000 012 m^2
   73,1838 km^2
   6300,21 dm^2
   9,0509 m^2

Übung 14 - Die Maßeinheiten der Oberfläche

1. Essen = 1000 m^2
   München = 455 m^2
   Bremen = 1354 m^2

   Essen: 1000 m^2 für 82650 €
   1 m^2 für 82,65 €

   München: 455 m^2 für 76082 €
   1 m^2 für 167, 21 €

   Bremen: 1 354 m^2 für 116510 €
   1 m^2 für 86,05 €

   Die Stadt, in der der Bauplatz am billigsten ist, ist Essen.

2. $\frac{3}{4}$ ha = 0,75 ha = 7500 m^2

   $\frac{1}{2}$ a = 0,5 a = 50 m^2

   $\frac{4}{10}$ m^2 = 0,4 m^2

   Gesamt = 7550,4 m^2

   5 ha = 50000 m^2
   0,9 ha = 9000 m^2
   0,07 a = 7 m^2
   Gesamt = 59007 m^2

   $\frac{3}{4}$ m^2 = 0,75 m^2 = 75 dm^2

   2800 m^2 = 280 000 dm^2

   0,78 m^2= 78 dm^2

   Gesamt= 280153 dm^2

Übung 15 - Die Maßeinheiten der Fläche und Oberfläche

1. 1 a
   1 ha
   1 m^2
   1 km^2

2. 1 a
   100
   kleiner
   dm^2

3.

10 a	1 a	1 m^2
0,10 ha	100 m^2	0,01 a
800 m^2	100 m^2	100 dm^2

Übung 16 - Die Maßeinheiten des Rauminhalts

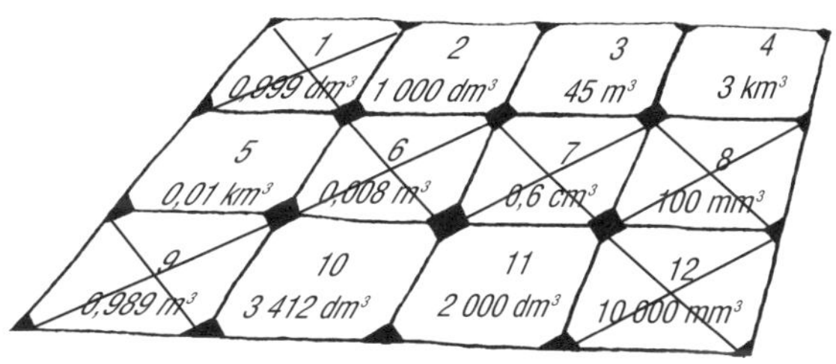

Der Code um in den Tresorraum zu gelangen, lautet:
1 – 6 – 7 – 8 – 9 – 12.

Übung 17 - Die Uhrzeit

1.

2. halb 1 oder 12.30
   12 min vor 5 oder 4 Uhr 48 oder 16 Uhr 48
   Viertel nach 4 oder 4 Uhr 15 oder 16 Uhr 15

Übung 18 - Rechne mit den Uhrzeiten

3 h 42 min 59 s
13 h 7 min 21 s
3 h 18 min 23 s
16 h 52 min 0 s
5 h 58 min 55 s
2 min 58 s

Übung 19- Spiele mit den Uhrzeiten

7 h
2 h 15
8 h 55
RTL, 18 h 30 und 21 h
16 h 35
10 min
40 min

Übung 20 - Die römischen Zahlen

1. I II III IV V VI VII VIII IX

2. MCM = 1000 100 1000 = 1900
   (100 1000 → 900)
   XL = 10 50 = 40
   MCMLXVII = 1000 100 1000 50 10 7
   (100 1000 → 900)
   = 1967
   LXV = 50 10 5 = 65
   MLXXVI = 1000 50 10 10 6 = 1076

3. 16 = XVI
   20 = XX
   121 = CXXI
   314 = CCCXIV
   56 = LVI

Übung 21 - Die Zeiteinteilung

1. 52
2. 24
3. 4
4. 1
5. 60
6. 3600
7. 366
8. 6
9. 86400
10. 365
11. 1
12. 21. März - 21. Juni - 21. September - 21. Dezember
13. 15
14. 28
15. Juli und August
16. 168
17. 100
18. 2
19. 2
20. 12

Übung 22 - Die Maßeinheit des Thermometers

1. 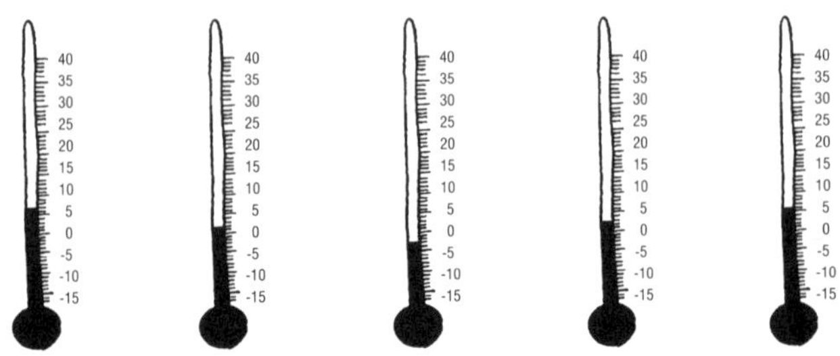

Der wärmste Tag = Montag
Der kälteste Tag = Mittwoch
Unterschied = 10° C.

2. von hoch bis tief : 36,7 °C - 38,8 °C - 37,5 °C - 36,9 °C.

   Das Thermometer von 38,8 °C zeigt Sophies Fieberstand an.

Übung 23 - Kennen lernen des Euro

1. 5 € – 10 € – 20 € – 50 € – 100 € – 200 € – 500 €

2. 1 Cent – 2 Cent – 5 Cent – 10 Cent – 20 Cent – 50 Cent – 1 € – 2 €.

3. 50 Cent + 20 Cent + 10 Cent + 10 Cent + 10 Cent = 1 €.
   100 € + 200 € + 200 € = 500 €.
   1 € + 1 € + 1 € = 2 € + 50 Cent + 50 Cent.

Übung 24 - Rechne mit dem Euro

1. 13,03 €

2. Gesamtsumme = 3,66 €
   Er bekommt 16,34 € zurück.

Übung 25 - Zusammenfassung

1. Der Joghurtbecher - die Babyflasche - die Teekanne - die Tasse.

2. 90,5 dm
   31,15 l
   9,7 kg
   5,8 hl
   8,560 km
   0,012 kg

3. 500 g < 1 kg < 0, 5 t
   8 cl < 8 dl < 88 dl
   0,8 m < 80 dm < 800 m

4. 150 cm^2
   35 m^2
   20 dm^2
   3 a

5. 73000 mg
   160 m
   0,03 l
   105 000 g
   1 000 kg
   0,24 kg
   1,7 l
   200 m^2
   750 000 ml
   0,00033 kg

6. 3 h 14 min
   6 h 1 min
   2 h 34 min

7. 12 h 19 min 5 s
   17 h 59 min 7 s

Übung 26 - Überprüfe deine Kenntnisse

1. 500 kg
2. 100 Cent
3. 5000 mg
4. 29 Tage
5. 1 g
6. ha
7. 100 dm^2
8. 19 h 53
9. 24 Stunden
10. MMCCCV
11. 4 Monate
12. 48 a 32 m^2
13. 0,8 dl
14. 2,55 €
15. 10 cl

Übersicht der Maßeinheiten

Mit Hilfe von **Vorsilben** kann man die Grundeinheit immer verändern.

Kilo = • 1000 | Mega = • 1 000 000
dezi = • 1/10 = • 0,1 | **c**enti = • 1/100 = · 0,01 | **m**illi = • 1/1000 = • 0,001

Beispiel: 3 **k**m = 3 **Tausend** - Meter

Gewichte - Verwandlungszahl 1000

Tonne (t)	Kilogramm (kg)	Gramm (g)	Milligramm (mg)
1 t = 1000,0 kg	1kg = 1000,0 g	1g = 1000,0 mg	
→	mal **1000** Komma nach rechts	durch **1000** Komma nach links	←
von großen nach kleinen Einheiten			von kleinen Einheiten nach großen Einheiten

Zeiten

1 Jahr (a) = 365 Tage
1 Tag (d) = 24 Stunden (h)
1 Stunde = 60 Minuten (min)
1 Minute = 60 Sekunden (s)

a (anno) d (day) h (hora)

Alle 4 Jahre hat das Jahr 366 Tage

Längen - Verwandlungszahl 10 **Grundeinheit: Meter**

Kilometer	Meter	Dezimeter	Zentimeter	Millimeter
1 km = 1000 m	1 m = 10 dm	1 dm = 10 cm	1 cm = 10 mm	
Beispiel: 2,3562 km = 2356,2 m				

Merke besonders: 1 km = 1000 m 1 m = 100 cm

Flächen - Verwandlungszahl 100 **Grundeinheit Quadratmeter m²**

Quadratkilometer km²	Hektar (ha)	Ar (a)	Quadratmeter m²	Quadratdezimeter dm²	Quadratzentimeter cm²	Quadratmillimeter mm²
1 km² = 100 ha	1 ha = 100 a	1 a = 100 m²	1 m² = 100 dm²	1 dm² = 100 cm²	1 cm² = 100 mm²	
	1 ha = ====> 10000 m²					

von großen nach kleinen Einheiten → mal **100** Komma nach rechts • durch **100** Komma nach links ← von kleinen nach großen Einheiten

Volumen - Verwandlungszahl 1000 **Grundeinheit Kubikmeter m³**

Kubikmeter m³	Kubikdezimeter dm³ (Liter)	Kubikzentimeter cm³ = Milliliter
1 m³ = 1000 dm³	1 dm³ = 1000 cm³	1 cm³ = 1 ml

Merke dir für jedes Maß einen Gegenstand dieser Größe. (Zeichne ihn auf den nächsten Seiten)

Seite für Nebenrechnungen